图书在版编目 (CIP) 数据

罗教授的神奇动物百科 / (法) 斯特凡娜·尼科莱著；(法) 让 – 巴蒂斯特·德鲁奥绘；七月译 . –– 乌鲁木齐：新疆青少年出版社，2021.9
ISBN 978-7-5590-8142-1

Ⅰ.①罗… Ⅱ.①斯… ②让… ③七… Ⅲ.①动物—少儿读物 Ⅳ.① Q95-49

中国版本图书馆 CIP 数据核字 (2021) 第 181929 号

版权登记：图字 29-2021-003 号

罗教授的神奇动物百科

[法] 斯特凡娜·尼科莱/著　　[法] 让–巴蒂斯特·德鲁奥/绘　七月/译

出 版 人：徐 江	策　划：许国萍
责任编辑：刘 露 田 源	封面设计：张春艳
美术编辑：邓志平	法律顾问：王冠华　18699089007

新疆青少年出版社
（地址：乌鲁木齐市北京北路 29 号 邮编：830012 ）
Http://www.qingshao.net

印制：北京博海升彩色印刷有限公司	经销：全国新华书店
版次：2021 年 9 月第 1 版	印次：2021 年 9 月第 1 次印刷
开本：889mm×1194mm　1/16	印张：5.25
字数：13 千字	印数：1—5 000 册
书号：ISBN 978-7-5590-8142-1	定价：68.00 元

制售盗版必究 举报查实奖励：0991-7833927　　版权保护办公室举报电话：0991-7833927
销售热线 :010-58235012 010-84853493　　如有印刷装订质量问题 印刷厂负责调换

罗教授的
神奇动物百科

[法]斯特凡娜·尼科莱 / 著　　　　[法]让－巴蒂斯特·德鲁奥 / 绘　　　　七月 / 译

CHISO SINCE 1984　新疆青少年出版社

编者笔记

    罗教授是一位名不见经传，但十分有才华的科学家。他在自己的笔记里记录了许多他观察过的神奇的动物，还对它们进行了分类，给这些动物配上了图。

    这本动物百科是我们根据罗教授遗落在丛林中的笔记整理而成的。除了发现这份笔记的丛林，人们再也没有在其他地方发现过罗教授的研究记录。

    书中记录的动物实在是太神奇了，以致罗教授不能完全按照常规的科学分类方式来对它们进行分类。因此，罗教授针对这些动物建立了全新的生物分类法，以便更好地描述它们。但是，皇家动物协会不但拒绝接受罗教授自创的分类法，还觉得他精神不太正常。可怜的教授！除了他，没有人相信这些动物真的存在。

    罗教授的笔记在被我们找到时已经严重损坏了。旁边那页是我们根据笔记的第一页内容整理而来的。

亲爱的陌生人，

　　我不知道你是如何得到这份笔记的，也不知道你会什么时候读它。一切是这样开始的：有一天，我厌倦了家乡阴雨绵绵的天气，看腻了白色的绵羊和灰色的蜗牛，我决定出去走走，希望可以在异国他乡寻找到鲜有人知的，甚至是无人知晓的神奇动物。

　　我以我的名义担保，我的确找到了许多神奇的动物。我把它们记在了这个笔记本里。我希望有一天，能有更多人了解到我的工作，更希望自己的研究成果能被世人接受，我觉得大家都应该知道这些内容。

　　祝你们好运。

——阿图罗

目　录

1

温顺可亲的动物

圆头鲸

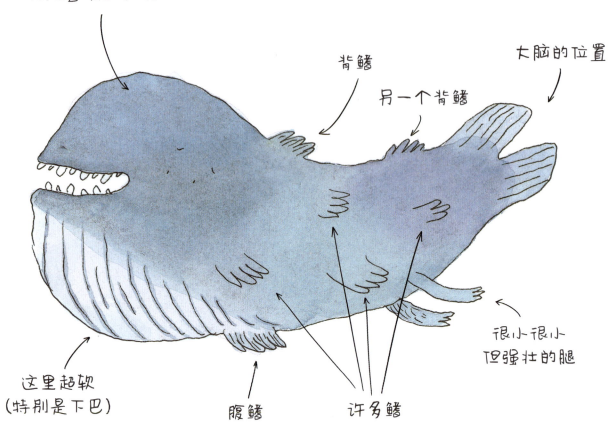

讨人喜欢的大头

背鳍

另一个背鳍

大脑的位置

这里超软
（特别是下巴）

腹鳍

许多鳍

很小很小
但强壮的腿

特点

① 爱吃熏肠。

② 人类无法听到它的叫声，
嗯……这样也好！

③ 吃得越多，皮肤就越顺滑。

体长

6 米

栖息地

马里亚纳海沟 / 关岛

当地居民说，圆头鲸（蝌蚪鲸）是个"大胃王"，一天能吞食掉好几吨食物。它的鳍和腿帮了它不少忙：为了寻找食物，它时而潜入深海，时而走进买热狗的队伍中。别看它头大，但它不怎么聪明。因为它的大脑袋里装的是它的胃，而它的大脑在另外的地方——它的尾部。它的皮肤像天鹅绒般柔软，但从未有人触摸过它的皮肤。

　　几乎没有人在自然环境中见过圆头鲸，因为它实在是太稀有了。说不定，当你读到这里的时候，它正在大海深处大口大口地吃白化鱿鱼呢！

图1. 准备买下253个熏肠热狗的圆头鲸

火烈犬

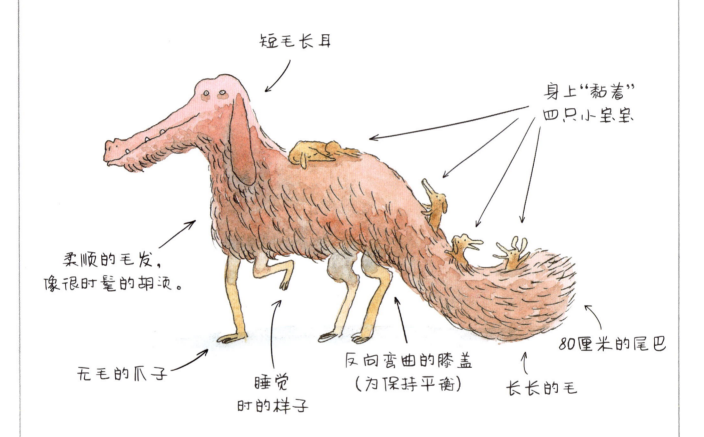

短毛长耳

身上"黏着"
四只小宝宝

柔顺的毛发，
像很时髦的胡须。

无毛的爪子

睡觉
时的样子

反向弯曲的膝盖
（为保持平衡）

长长的毛

80厘米的尾巴

特点
①背着它的小宝宝（直到它们学会奔跑）。
②皮毛可分离。

体重
总重12千克，毛重9千克。

体长
2米

栖息地
玻利维亚的乌尤尼盐沼

这种神奇动物的颜色像火烈鸟，皮毛像喀布尔犬。每当黄昏降临，夕阳西下，你会在盐沼上看到休息中的火烈犬。尽管它们的平衡感很差，但它们睡觉时还是喜欢用三条腿支撑着身体。它本也可以选择睡在沙发上，但那样的话，就会把自己粉红色的毛沾满沙发。不过没关系，反正它们也想不到睡沙发，因为它们并不聪明：如果有人朝着它们扔一个球，它们一定会追着球跑，而且不会再回来（除非有人能让扔出去的球绕地球一圈回到原点）。火烈犬的皮毛非常珍贵，一些人很想得到它，这给火烈犬的生存带来了一定威胁。

在盐沼里观察叽叽喳喳的火烈犬是件很有意思的事。如果能听懂它们说话，该多好啊！

图1. 逗游客开心的火烈犬

咩咩兽

绵羊一样的毛

绵羊一样的尾巴

绵羊一样的头

咩
咩

绵羊一样的叫声

绵羊一样的爪子

绵羊一样的气味

特点

和绵羊唯一不同的是，它的毛
即使被60℃的热水洗过也不会
缩水。

体长

80 厘米

栖息地

芬兰卡库里瓦拉

这只性格温柔、外表丑萌的大家伙叫咩咩兽。它们是拔毛爱好者，以收集新鲜的羊毛为生，是剪羊毛的好手。它的外表和毛茸茸的绵羊没什么不同，但它有一个像剪毛器一样的下颚，下颚内部含有两个锋利的"全自动"钛合金刀片。在芬兰的大草原上看见几只没毛的绵羊被冷风吹得发抖是再寻常不过的事了。在那里，就算是那些有毛的绵羊也会觉得冷。

　　如果想找出"模仿之王"咩咩兽，不妨竖起耳朵，听听哪里有羊群绝望的叫声。咩咩兽们通常会选择单打独斗，以免被伙伴误认成绵羊。

图1. 两只正在剪羊毛的咩咩兽

地毯蝴蝶鱼

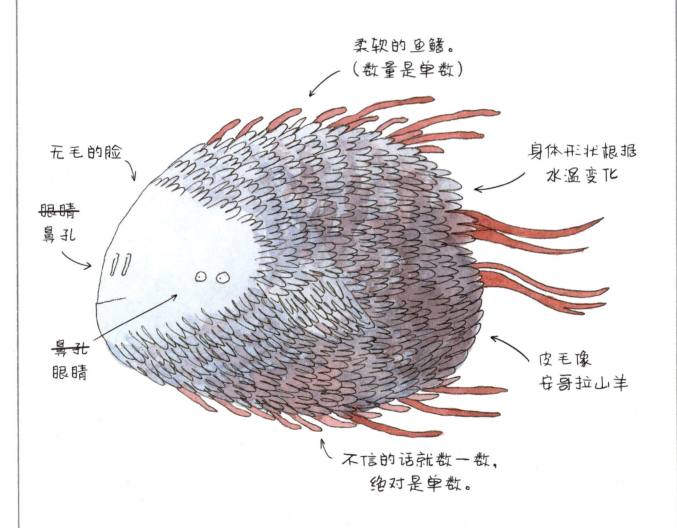

柔软的鱼鳍。
（数量是单数）

无毛的脸

身体形状根据
水温变化

眼睛
鼻孔

鼻孔
眼睛

皮毛像
安哥拉山羊

不信的话就数一数，
绝对是单数。

特点
①很难分清眼睛和鼻孔。
②身体在冷水中会变成三角
形，但不是等腰三角形。

半径
1.5 米

直径
3 米

周长
9.42 米

面积
约 7 平方米

栖息地
马达加斯加北部海滩

地毯蝴蝶鱼也叫地毯鱼。左边的是一只幼年的地毯鱼，成年地毯鱼的直径通常在2~3米之间。这种鱼平时喜欢贴着海底生活，外表扁平，看起来毛茸茸的，但它身体的一侧是无毛的，它的眼睛和鼻子都长在有毛的那一侧。地毯鱼对人几乎没有防备，并且对新鲜事物充满好奇。你只需把它晾干，就能拥有一张很棒的地毯。可是也正因为如此，我们如今很难见到这个物种了。

注意！有一种攻击性很强，外形和地毯鱼非常相似，有迅速变干技能的冒充者，目前已经进入国际市场！

图1. 冒充者带来的灾难

2

脏兮兮的动物

奶酪兽

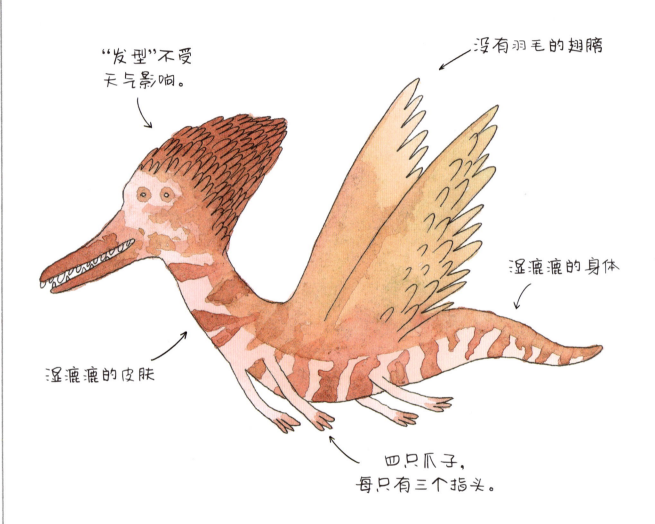

"发型"不受
天气影响。

没有羽毛的翅膀

湿漉漉的身体

湿漉漉的皮肤

四只爪子,
每只有三个指头。

特点

① 只吃奶酪和鱼。

② 会从1数到12。

翼展

约 1.6308654 米

栖息地

爱尔兰的奶酪厂附近

奶酪兽以其"发型"闻名。人们虽然不喜欢奶酪兽的发型，但还是很喜欢有它陪在身边，这是因为它性格调皮，对人忠诚。奶酪兽甚至有机会取代狗狗们在人们心中的地位，成为人类最好的朋友。

　　不幸的是，它只要一开口，就会唾沫飞溅，因此在争夺"人类最好的朋友"这一光荣称号的比拼中败下阵来。因为这次失败，奶酪兽羞愧地躲了起来。不过，奶酪兽会散发出一种奶酪和乳油木发胶的混合气味，只要追踪这种气味，你就能找到它。

　　有一些奶酪兽爱好者曾试图人工培育奶酪兽。可惜他们的设备不够先进，最终选择了放弃。

图1. 友谊的小船说翻就翻

银甲鼻涕兽

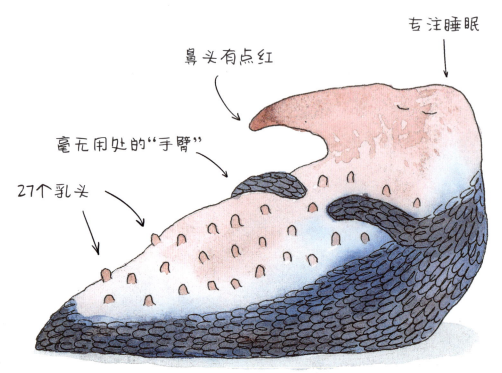

专注睡眠

鼻头有点红

毫无用处的"手臂"

27个乳头

像拥有鳞甲
的鼻涕虫

特点
毫无特点

伸展长度
18 厘米

栖息地
所有适合它们生存的地方

这种奇怪的生物常常懒懒地躺在沙漠或地下车库的水洼里。在这些地方，水洼并不常见，因此它们会用自己分泌的黏液制造一个水洼，然后躺进去。这种动物只有雌性，因此不会有后代需要抚育。尽管如此，银甲鼻涕兽的数量并没有因此减少，因为它们是永生的。无用却可以永生，这是多么的不幸啊！

如果近距离观察，你会发现它们分泌的黏液很像小朋友流的大鼻涕。这或许就是它们的鼻头总是红红的原因。这同样也是人们在夜晚的沙漠和地下车库总会听到有"人"打喷嚏的原因。

图1. 尝试数自己乳头的银甲鼻涕兽

非比寻常的动物

牛　牛

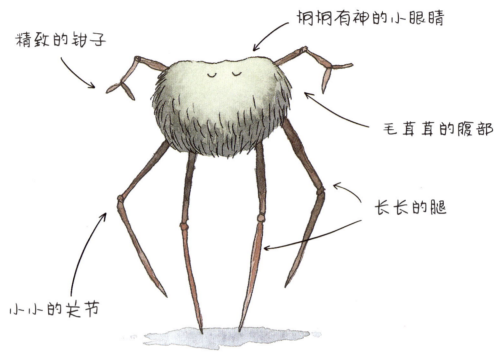

精致的钳子

炯炯有神的小眼睛

毛茸茸的腹部

长长的腿

小小的关节

平均重量:45.53千克

颜色 / 加热时间:
75摄氏度

0 分钟　　5 分钟　　7 分钟　　10 分钟

特点

①颜色随加热时间改变。
②遇到危险时会变身成复古
小凳子来迷惑敌人。
③以稀有金属为食。

直立高度

1.93 米

栖息地

卡玛拉萨穆图森林

这种小动物是当地人眼中的预言家，以当地人供奉的稀有金属为食。作为回报，牛牛允许人们问它一些问题，然后用自己的长腿做出回应，牛牛绝不撒谎。不过，据当地人说，牛牛只能预测短期内发生的事。比如，有一天的天气还不错，如果有人问牛牛天气是不是不错，牛牛就会打坐冥想三个小时，然后对提问者说："是的。"

　　我很难打探到更多关于牛牛的信息，因为当地人不让陌生人靠近它。

图1.　打坐冥想的牛牛

吞 吞

耳朵（因为在另一侧看不到）

"无精打采"的兽鼩

布满斑点的皮毛（只有雄性才有斑点）

透露出愉快的神情

后爪向外翻

特点
①只有一只耳朵（看不到另一只）。
②听得懂比利时人的对话。

高度	内长
7 厘米	3 米
体长	**体宽**
17 厘米	7 厘米

栖息地
北欧种满农作物的平原

吞吞属于狐猴下目，大小与刺猬类似。吞吞后脚外翻，跑起来十分缓慢，因此很容易就能捕到吞吞。奇怪的是，没人嘲笑过吞吞的速度。这样也好，因为吞吞也不希望被别人嘲笑。它满脑子只想着土豆，随时准备饱餐一顿。吞吞"不挑食"，它喜欢吃炒土豆、煎土豆、烤土豆、土豆饼、土豆球、土豆条、土豆片……在野生环境中已经很难见到吞吞了，因为土豆店的老板们把吞吞从野外运到其他地方去了。它们能不能再回来，取决于种土豆的农民——他们很担心自己种出来的土豆都"跑进"吞吞的肚子。

图1. 土豆田里自由自在的吞吞夫妇

刺球魔法龙
《又名维维》

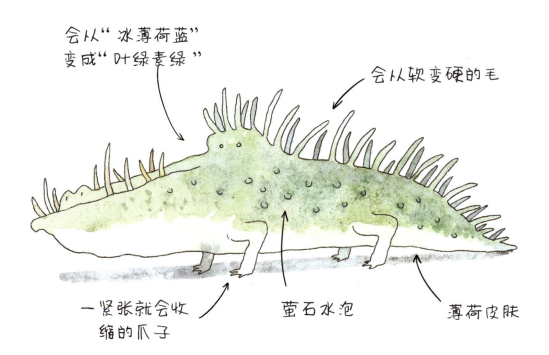

会从"冰薄荷蓝"
变成"叶绿素绿"

会从软变硬的毛

一紧张就会收
缩的爪子

萤石水泡

薄荷皮肤

特点
① 非常胆小。
② 不含对羟基苯甲酸酯
和二氧化钛。
③ 以水沟为生。

体长

7 厘米

栖息地

亚马孙丛林

别看它个头不算大，它可是恐龙的后代——据说迅猛龙是它们的祖先。刺球魔法龙就像一个魔术贴，如果把它朝着一块布扔出去，它就会牢牢地粘在布上。只是，这个令人大开眼界的天赋在今天一点用也没有。再说了，在恐龙时代，也没有布。

刺球魔法龙还有一项不可思议的技能——它的身体在湿透的情况下会迅速变干。这也给它带来了麻烦，因为当地人会把它绑在小木棍上当牙刷用。在潮湿的原始森林，没有比"牙齿速干器"更实用的工具了。难怪那些在原始森林的部落没有牙医。

图1. 原始森林里的睡前时光

唱歌难听的动物

哭哭蚊

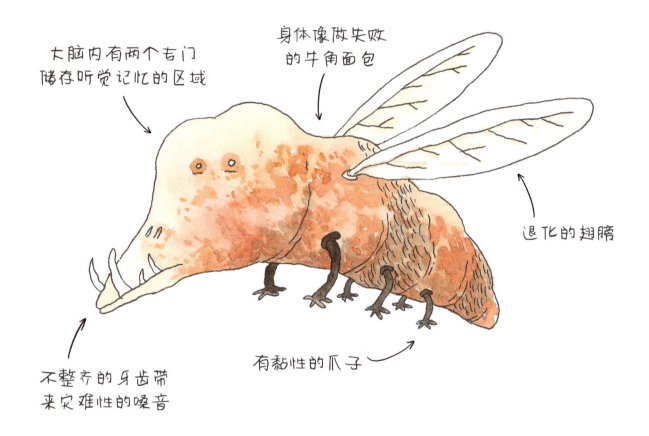

大脑内有两个专门储存听觉记忆的区域

身体像做失败的牛角面包

退化的翅膀

不整齐的牙齿带来灾难性的噪音

有黏性的爪子

特点

① 喜欢20世纪80年代的歌曲和广播。

② 喜欢音乐节目主持人。

体长

2厘米

栖息地

几乎无处不在

哭哭蚊很难让人喜欢。它常常在夜里飞到人的耳边唱歌，声音不大却十分刺耳，就像是有人在呻吟啼哭。它的歌曲让人一整天都昏昏沉沉的。更可怕的是，这种头脑不清醒的状态还会传染给身边的人！哭哭蚊短小的爪子和笨拙的翅膀让它看起来很滑稽。不过，哭哭蚊的反应和速度极快，你很难用拖鞋、书或其他物品拍到它。这种虫子是"星球重大音乐传染病"的始作俑者。它没有天敌，科学家们至今都没有研究出消灭它的方法。最糟糕的是，它的记忆力就像吞吃鸟一样强大，可以记住几百首歌！简直就是低质音乐在线收听平台！

大概只有在临近北冰洋的地区，哭哭蚊才无法生存，不过这仅仅是猜测。毕竟哭哭蚊不怕冷，即使在零下60摄氏度的地方也能轻而易举地生存。

如果你的心一去不回，我就追随它浪迹天涯...

图1. 哭哭蚊为睡梦中的雅库特居民展示刺耳的歌声

长颈珍珠鸡

普通的喙

美丽的羽毛

动物世界里
独树一帜的羽毛

长长的脖子
（珍珠鸡的共鸣箱）

美丽的羽毛

普通的爪子

特点

① 每只长颈珍珠鸡颜色都不同。

② 人们也叫它"呦呦鸡"，能
活23年。

身高

64 厘米（脖子长 52 厘米）

栖息地

湖南省张家界的山上

长颈珍珠鸡是珍珠鸡家族的一份子，拥有独一无二的羽毛：每根羽毛色彩鲜明、闪耀迷人，并带有黄金色泽的混合金属质感。长颈珍珠鸡的肉质鲜嫩可口、有嚼劲，且咸辣适中，烹饪时无需添加其他调料。然而，很少有人去捕捉长颈珍珠鸡。这是因为，这种奇异的卵生动物能以80分贝的声音唱歌！这是一种人类无法忍受的噪音：尖锐刺耳，就像有人用力将粉笔划过桌子，或是用小刀划餐盘。如果不保护好耳朵就接近它，你会体验到咀嚼金属或眼睛里进了辣椒粉一样的痛苦。

　　当地人找到了应对长颈珍珠鸡的方法——他们把扭扭虫放在耳朵里当耳塞。扭扭虫以耳垢（俗称"耳屎"）为食。这种奇妙的共生关系展现了大自然的魅力。

图1. 在山中徒步

大嘴鲸

发出的声音：120分贝

没有耳洞的小耳朵

超大的口腔空间

强有力的声带

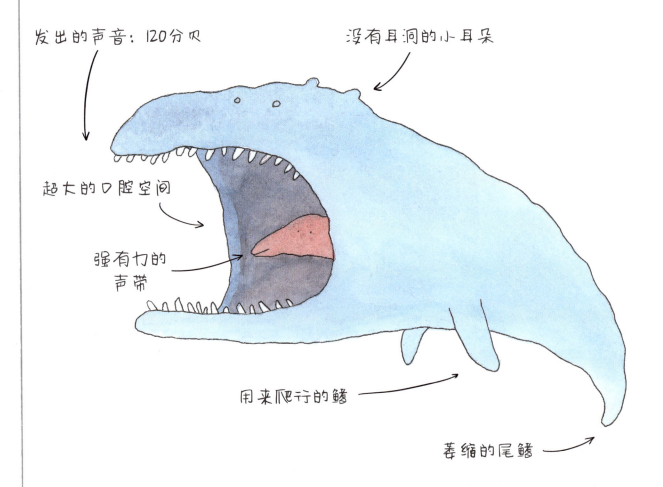

用来爬行的鳍

萎缩的尾鳍

特点

① 在湖底爬行。

② 用声带捕捉误闯进它大嘴里的鱼。

③ 不会一直唱歌——全世界都为此感到庆幸。

体长
巨长

体宽
巨宽

栖息地
苏格兰深水湖

这是一种让人难以忍受的鲸鱼。它每天都会重复唱同一首歌曲，还会讲一些既无聊又愚蠢的话。大家几乎都讨厌它——除了没有长大的鱼类和小朋友。他们的耳膜还没发育成熟，因此无法听到大嘴鲸糟糕的音乐和奇怪的话，比如"吃光海藻"和"别朝它姐姐吐口水"。

幸运的是，大嘴鲸绝大部分时间都待在湖底，很少浮出水面。

图1. 当大嘴鲸遇上金枪鱼群

令人讨厌的动物

黄瓜怪

绿色条纹

瓜子一样的牙齿

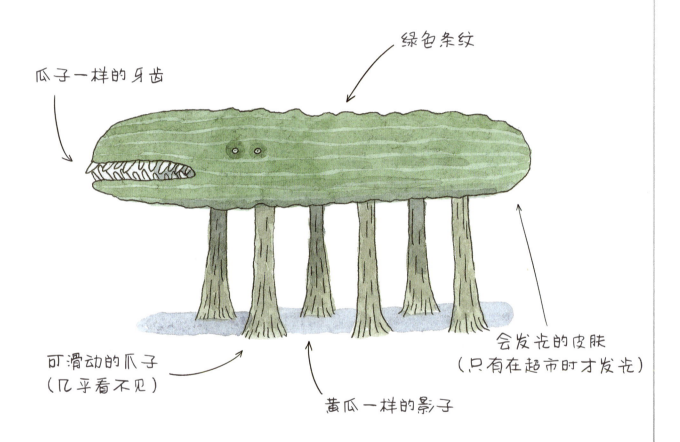

会发光的皮肤
（只有在超市时才发光）

可滑动的爪子
（几乎看不见）

黄瓜一样的影子

特点
① 含水量极高，达96%。
② 没有尾巴。

体长
30 厘米（和黄瓜差不多）

栖息地
冰箱里放蔬菜的地方

这种动物看上去很像一根黄瓜，它披着黄瓜的外衣，经常做些惹人生气的事。比如，它会选中一个人，然后一整天粘着他，直到把那人身上可以吃的东西都吃光：死皮、指甲、毛发，以及各种脏东西。

老年人最容易被它粘上，毕竟跟踪行动缓慢的老年人并不是一件难事。黄瓜怪从不跟踪孩子，因为他们实在是太灵敏了。这可急坏了黄瓜怪们，要知道，孩子们的身上一天会产生许多脏东西。

许多老人都会因为不小心踩到黄瓜怪分泌出的黏液而摔倒，严重的甚至会骨折。家猫也非常讨厌黄瓜怪，没有人知道这是为什么。但我们可以猜一猜：因黄瓜怪而住进医院的老人不在少数。当老人住进了医院，谁还能给小猫咪做肉丸子吃呢？

图1. 黄瓜怪事故

咕噜怪

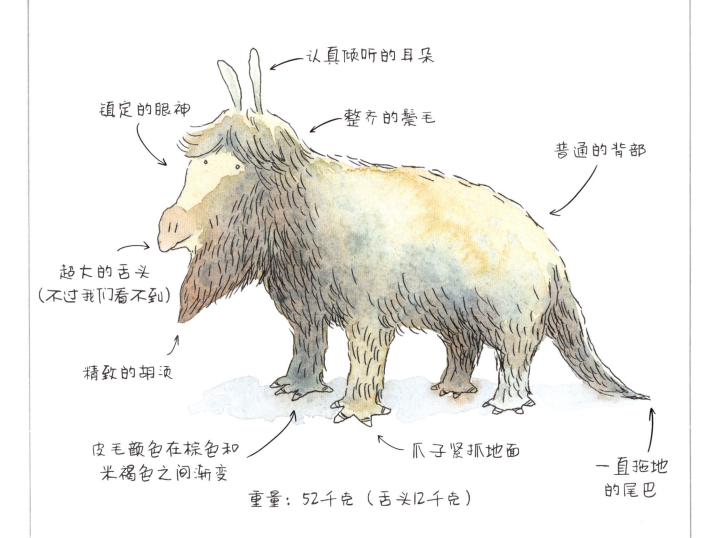

认真倾听的耳朵

整齐的鬃毛

镇定的眼神

普通的背部

超大的舌头
（不过我们看不到）

精致的胡须

皮毛颜色在棕色和
米褐色之间渐变

爪子紧抓地面

一直拖地
的尾巴

重量：52千克（舌头12千克）

特点

全世界舌头最大的动物
（这种动物个头也不小）。

身高

4米

栖息地

沙漠、沙滩、沙箱

咕噜怪性格开朗，但有一个坏习惯：吃饭的时候，它总是先用它的大舌头把食物舔进嘴里，然后张大嘴巴咀嚼食物，发出巨大的噪音。在这个过程中，咕噜怪还会"咕噜咕噜"地不停讲话，直到把食物都吃光。简直让人难以忍受！

咕噜怪的每只爪子都有五个指头，这让它可以在用餐时稳稳地握住勺子，铺好餐巾，摆好餐具。它甚至知道鱼刀和奶酪刀的区别。

人们在沙漠里见到它就会逃跑，就像是在躲避鼠疫一般。毕竟，和咕噜怪一起吃饭需要不小的勇气。当地人比任何人都了解如何在沙漠里抵抗炎热，预防脱水。他们会随身携带一条精致的蓝色丝巾，如果不幸遇到咕噜怪，他们就会用丝巾捂住口鼻，以免将咕噜怪扬起的灰尘吸入肺里。

图1. 两只正在做游戏的咕噜怪

软角兽

不伤人的角

口鼻形状像拂拂

干净多毛的尾巴

干净的皮毛

无毛的兽蹄

重量：10千克

特点
只吃大王花（全
世界最大的花）。

角长
13.5 厘米

体长
100 厘米

栖息地
印度尼西亚的森林

软角兽没有太多特点。在印度尼西亚，人们叫它"独角犀牛"。但在当地人心中，软角兽可不像独角兽和犀牛那样重要：他们认为，独角兽和犀牛具有魔法，是用来尊敬和崇拜的；而软角兽长得像个大疣子，除了一团肉以外什么也没有。

软角兽是一种非常洁癖的动物，常常像家猫一样花上好几个小时整理自己的毛发。不过，家猫至少在大部分时间里是活泼可爱、调皮有趣的。

软角兽因为长了毫无用处的角和一身有毒的肉，所以不存在灭绝危机。总之，它们的日子过得还不错！一些人认为软角兽不止有一个角。

图1. 整理毛发的软角兽

"助人为乐" 的动物

扭扭虫

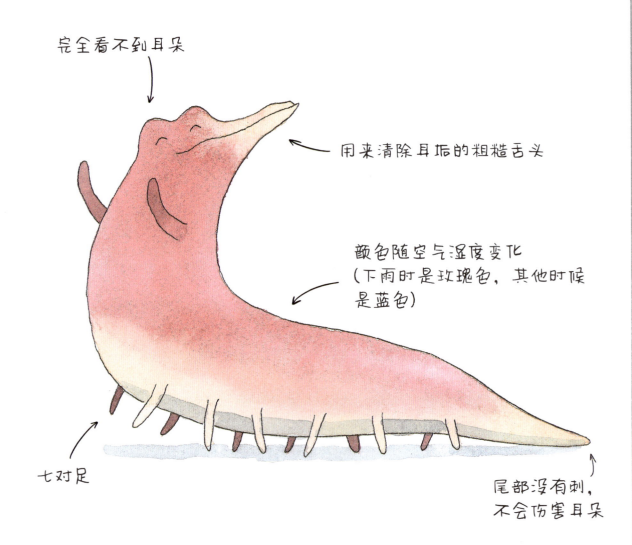

完全看不到耳朵

用来清除耳垢的粗糙舌头

颜色随空气湿度变化
（下雨时是玫瑰色，其他时候
是蓝色）

七对足

尾部没有刺，
不会伤害耳朵

特点

① 有音乐细胞。

② 会按摩。

③ 只吃花的雌蕊。

体长

标准体型是 6 厘米

栖息地

湖南省张家界的山上

这种软体动物看起来像是扭动着的鼻涕虫（它的名字就是这么来的）。但和鼻涕虫不同的是，扭扭虫拥有七对足，能够跳出很复杂的舞步。可是它实在是太小了，参加不了舞会——这对它来讲是多么大的遗憾！不过，老实说，谁愿意看一只小虫子跳舞呢？幸运的是，扭扭虫对名气并不感兴趣。它过着幸福的生活，在你读这段关于它的介绍时，它正在一片橘树叶底下疯狂摇摆呢！

对人类来说，扭扭虫有许多很棒的作用，它们和人类快乐地生活着。

放在耳朵里，保护耳朵不被长颈珍珠鸡的歌声伤害

放在鼻子下，
假装小胡子

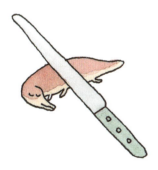

吃饭时，可以把
餐具放在上面

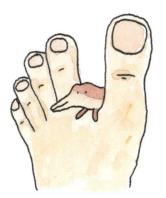

涂指甲油时，
把脚趾分开

站在圣雅克扇贝上，
它是为母亲节而准备的晴雨表。

图1. 扭扭虫的作用

无头犬

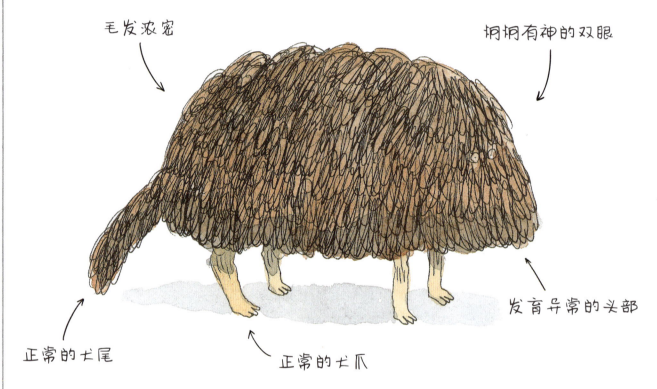

毛发浓密

炯炯有神的双眼

正常的犬尾

正常的犬爪

发育异常的头部

陆地重量：5千克　水中重量：15千克

特点

不会汪汪叫（它的远亲秋田犬脾气同样不错，不过秋田犬头部发育良好）。

体长

105 厘米

栖息地

日本列岛

无头犬没有头，但有一条正常的尾巴。科学家们成功分辨出了它的前半身和后半身。他们一直在研究这种狗对人类究竟有什么用处。直到有一天，一位清洁工无意中在实验室里发现了无头犬，把它误当成拖把擦拭灰尘。她发现无头犬的皮毛不吸水。通过这件事，科学家们找到了无头犬在日常生活中的使用方法。

　　如果把无头犬扔进游泳池，泳池几乎不会发生水位变化。下雨的时候，无头犬的皮毛依旧保持干爽。当无头犬从河里洗完澡上岸，抖动身体的时候，不会淋湿身边的人。如果你愿意，还可以用它在湖上来打水漂。总是，无头犬永远不会被水浸湿——这是每一只体面狗狗的梦想。

你好！

图1. 无头犬在艺术圈大受欢迎

笑　笑

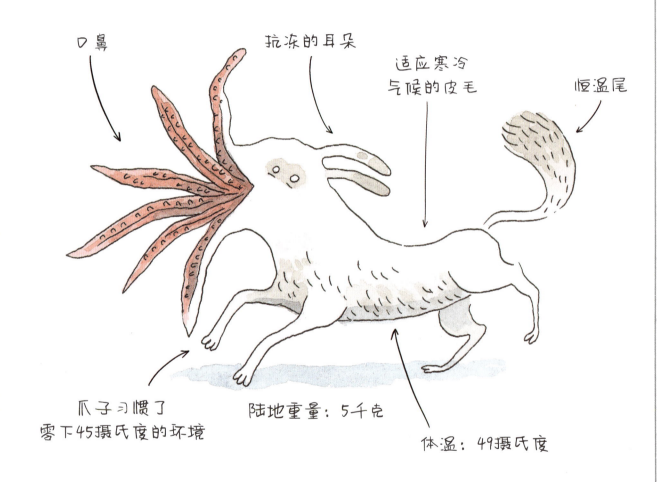

口鼻

抗冻的耳朵

适应寒冷
气候的皮毛

恒温尾

爪子习惯了
零下45摄氏度的环境

陆地重量：5千克

体温：49摄氏度

特点
①尾巴会打结。
②害怕香蕉。
③喜欢吃炸丸子，尤其是素
丸子。

体长

61 厘米

栖息地

阿拉斯加西部，楚科奇海岸边

笑笑是狗的近亲，它的口鼻构造十分独特。笑笑会像狗一样摇尾巴，在沙发上流口水，跑到厕所喝水，追着海豹跑（楚科奇海岸上没有猫）。在人类眼里，这些没有太大用处，但十分可爱！

笑笑究竟能为人类带来什么呢？笑笑会讲许许多多的笑话让大家开心。不像我的一个朋友，他只会重复讲一个笑话。笑笑是最棒的的喜剧演员，讲起笑话来绘声绘色，神气十足，常常让人笑得肚子疼。

不过有个小问题：如果两只笑笑遇见彼此，可就没你什么事了。它俩会沉浸在笑话的世界里，交换着给对方讲笑话。笑声会持续很久，直到它俩都累了。阿拉斯加西部的居民都十分喜欢笑笑。冰封的海面，长达十一个月的冬天……在这样的环境中日复一日地生活，没有什么比快乐更能温暖人心了。

图1. 在兽医院候诊区讲笑话的笑笑

7

不友好的动物

毒螨

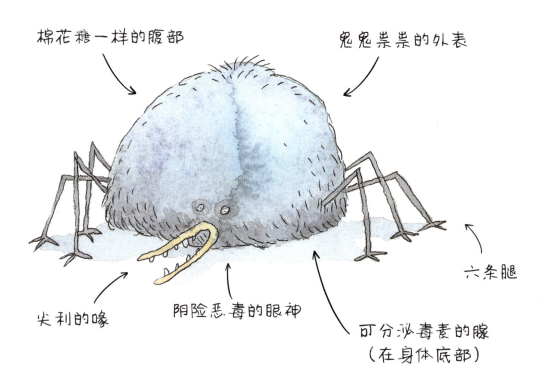

棉花糖一样的腹部

鬼鬼祟祟的外表

尖利的喙

阴险恶毒的眼神

可分泌毒素的腺
（在身体底部）

六条腿

特点
只有六条腿。

体长
3.2 纳米

栖息地
全世界各个角落

人类肉眼无法看到毒螨。它是好心情的终结者，常常在人最开心的时候破坏气氛。它在咬人的同时会分泌出一种毒素，这种毒素会让本就处在青春期的男孩子们情绪更加不稳定。据观察，他们被咬之后会不停发牢骚，冲着天空大声抱怨许许多多的事情，比如吃完饭要收拾桌子，周末即将结束但还没写完作业等。如果有大人没收了他们的平板电脑，他们就会感叹：短暂的科技时代已经结束，不论人类如何努力，地球终将爆炸。

解毒的方法只有一个，那就是抱抱这些中毒的孩子，亲亲他们。

图1. 被毒螨咬后的解毒方法

绿 象

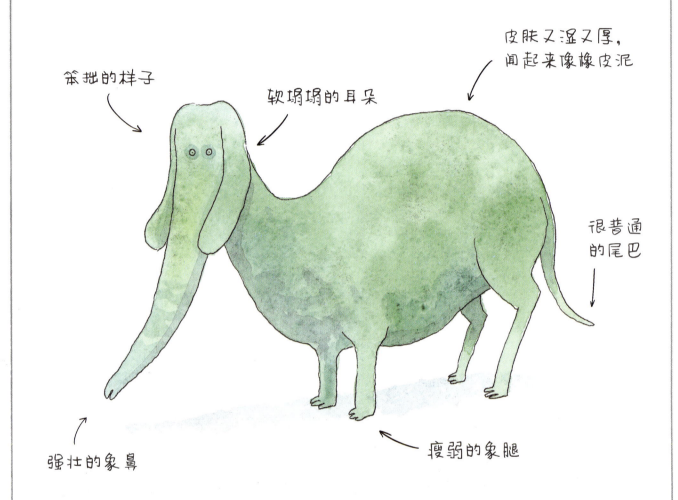

笨拙的样子

软塌塌的耳朵

皮肤又湿又厚，
闻起来像橡皮泥

很普通
的尾巴

强壮的象鼻

瘦弱的象腿

特点

①爱发牢骚。

②喜欢看电视。

③会走太空步。

鼻长

2米

身高

2米

体长

4.3米

栖息地

几乎所有有绿色食物的地方

一些科学家认为绿象除了皮厚之外没有其他特点，有些人则不这么认为。这种动物十分爱发牢骚，而且很不好相处。它很挑食，只吃绿色的食物，也因此变成了绿色。绿色的蔬菜沙拉、树蛙、芹菜、开心果、猕猴桃、螳螂……这些全都是它的最爱！如果有人给这个大家伙吃其他颜色的食物，它就会怒吼，然后用强壮的象鼻残暴地击碎身边的一切。记住，绝对不要给它吃米褐色的食物，因为那是它最讨厌的，会让它变得比刚刚描述的样子更加可怕。再次强调，千万不要这么做。否则，极度愤怒的绿象就会爆炸，绿色碎片会炸得到处都是，那时，你就不得不去洗衣房洗衣服了。

　　奇怪的是，这个家伙身体巨大，腿却十分瘦弱。所以，如果你在路上遇见它，一定要离它远一点儿。

图1. 科学家对一只成年雄性绿象进行鹰嘴豆摄食实验

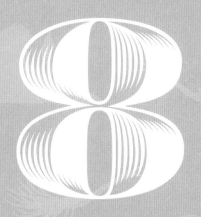

8

不会飞的动物

安哥拉青鸟

听觉灵敏

优雅的冠毛，
就像要去参加婚礼

360度视角

无力的翅膀

优质的羽毛

精致的喙

特点

① 会背乘法表。

② 从不打扫自己的巢。

③ 从不刷牙。

翅膀长度　**体长**

3 厘米　　　9 厘米

栖息地

高加索地区的树林里

没有人能确定安哥拉青鸟到底是不是真正的鸟，因为它不会飞，也不想飞。比起飞翔，它更喜欢懒懒地待在巢里，等着虫子送上门来。它既没勇气出门交朋友，也不敢下蛋和孵蛋。多么乏味的生活啊！如果天气太热，安哥拉青鸟就会扇动几下它那退化的翅膀，不过这样做并没有太大用处。

　　当它觉得无聊时，就会在脑子里复习乘法表，通过乘法计算树叶或自己羽毛的数量。总之，安哥拉青鸟并不是一种有趣的动物，尽管它的羽毛看起来很漂亮——它很喜欢自己青色的羽毛。

　　一直以来，人们只发现过一只会离开鸟巢的安哥拉青鸟，不过事实证明，它只是在梦游。

图1. 第一只尝试飞行的安哥拉青鸟——也是最后一只

三色尾鸡

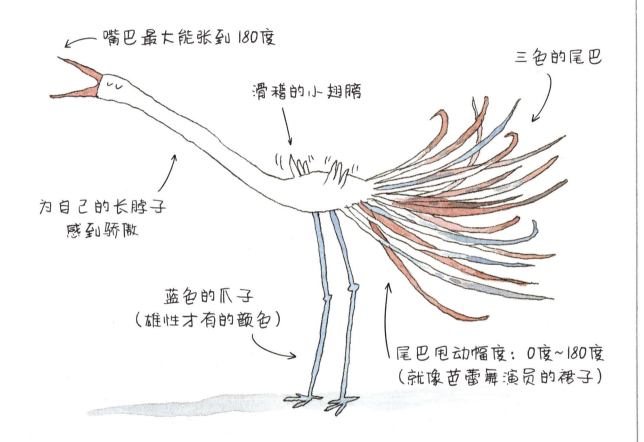

嘴巴最大能张到180度

三色的尾巴

滑稽的小翅膀

为自己的长脖子
感到骄傲

蓝色的爪子
（雄性才有的颜色）

尾巴甩动幅度：0度~180度
（就像芭蕾舞演员的裙子）

特点

①酷爱法棍面包。

②固执己见。

身高

1.1 米

栖息地

法国诺雅尔和克洛特

三色尾鸡是家养鸡的近亲，人们也叫它"贵族鸡"。它从不愿意起飞。三色尾鸡觉得起飞不是一件有意思的事，而且也不喜欢自己飞起来的样子，于是干脆选择"罢工"。不过，即使它愿意，也很难飞得起来，因为它的翅膀实在是太小了。三色尾鸡们常常成群结队地穿越人群，向人们炫耀自己美丽的羽毛和高亢的嗓音。实际上，这是它们的示威方式：它们希望通过这样的做法，让所有人知道，作为鸡，它们有不飞的权利。对于它们来说，只要把长脖子伸出去，就能一口吞下一根法棍面包。所以，何必用那么小的翅膀夹着面包回家吃呢？

人们常说："公鸡唱歌，母鸡下蛋。"其实不然。在三色尾鸡家族中，公鸡负责下蛋，母鸡负责做其他的事——具体是什么没有人知道。

你倒是飞啊，不然一点儿挑战性也没有！

绝不！你给我听好，我是不会为了满足少数人的欲望而起飞的，绝对不会！如果你想吃我，就尽管吃吧！

图1. 想捕食三色尾鸡的狐狸

59

吞吃鸟

并不好看的羽毛

尾巴

头

普通的喙

条纹图案
（蜕皮期）

印加人根据吞吃鸟的
形状预测未来

特点

①每蜕一次皮，身上的图案
随之变化。

②喜欢摆出不同的形状以戏
弄人类。

③声称自己可以突然消失。

体长

会变化，有时很长。

栖息地

玻利维亚的山上

吞吃鸟长得一点也不像鸟类，全身长满鳞片。由于没有翅膀，它腾空而起的时候就像一根在空中伸缩的弹簧。它还有一项特殊技能：头和尾巴能够迅速连接在一起，形成一个圈。

　　吞吃鸟的头虽然小，却能装下许多信息。它拥有绝佳的记忆力，能记住很多事情：比如，哪一天哪一刻自己的身体长度是2.45厘米；树林草地上有多少根草；自己的小表妹的同父异母的姐姐的外曾祖母的小女儿叫什么……

　　它那多环节的尾巴从不产生任何噪音，唯一的作用就是能让自己看起来很时尚。

　　吞吃鸟会不停地成长，为了得到足够的营养，它甚至会吃自己——这项技能对它来说十分重要。"周而复始"这个成语可能就是这么来的，意思是说，转了一圈又一圈，永远都停不下来。

图1. 吃错吞吃鸟的吞吃鸟

9

令人疑惑的动物

瑞克·欧雷变形虫

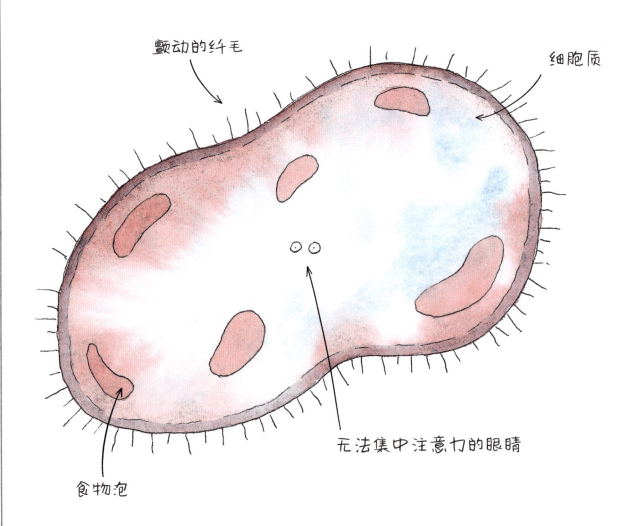

颤动的纤毛

细胞质

食物泡

无法集中注意力的眼睛

特点

① 会自动分裂。

② 耐寒。

周长

0.0087 毫米

栖息地

水洼，狗狗的餐碗，充气水池

关于瑞克·欧雷变形虫，我要说些什么好呢？嗯……没有太多可说的。它只是一种无聊的原生生物，喜欢泡在微咸、不流通的水里，以及腐坏发臭的肉汤里——在地球上，人类每天都能"生产"出新的变质肉汤。如果变形虫想要在肉汤里移动，就会移动自己的纤毛（身体外圈晃动的毛）。有的时候，它会一下子分裂成两个变形虫。除此之外，它就再也没有其他什么特点了。

世界上为什么会存在这样的生物呢？没有人知道答案。这实在令人困惑，因此，这种动物最终被归在了这一章。

这种变形虫是与我同乡的同事瑞克·欧雷发现的。有一次，他去巴布亚岛旅行，在当地喝了碗"开胃酒"，没想到"酒"里竟然有变形虫。后来，这种生物便以他的名字命名了。这实在不是个令人愉快的回忆。

"Gan bei"在当地是"刷锅水"的意思

图1. 瑞克·欧雷发现了"著名"的瑞克·欧雷变形虫

黏

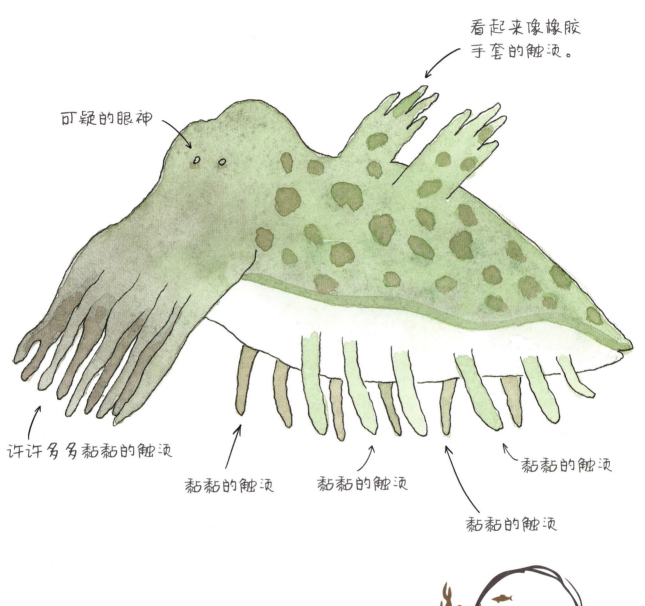

看起来像橡胶
手套的触须。

可疑的眼神

许许多多黏黏的触须

黏黏的触须

黏黏的触须

黏黏的触须

黏黏的触须

黏黏的触须

特点
一切都很特别，
以至不知该从何说起。

体长
15 厘米

栖息地
海底或超市通风管里

这种生物太令人疑惑了，我实在不知该说些什么。没人知道它为何存在，也从没人想要研究它。它的头上、腹部和背部长满了黏黏的触须，非常让人倒胃口。没有谁想过要接近它。可是，万一它拥有一颗热情、幽默又深情的心呢？

　　可现实是残忍的：大家都觉得它既丑陋又恶心。哎，这该如何是好？遗憾的是，就连它们自己也不喜欢彼此怪异的样子。因此，每一只黏都只能在孤独中度过一生。

图1. 热闹的海底世界里孤独的流浪者

双头兽

一个头

两个头

两个头图案不一样

美丽的羽毛，富含蛋白质

瞧，完全不一样

两对爪子相背而生，踏出复杂的步伐。

特点

① 说话时一会儿一个口音。

② 乒乓球和网球爱好者，常常目不转睛地看比赛。

头直立时的身高

1.2 米

左头高度

1.1 米

栖息地

比利时弗拉芒乡村

双头兽说话总会自相矛盾，就连它自己也不知道究竟哪句话才是对的。走路的时候，它常常不知道应该向哪个方向前进。也曾有人发现过三头兽，其情况更为复杂。有人想把双头兽分成两个部分，以解决掉这些问题。但这种做法过于粗暴，人们只好放弃。

双头兽的饮食结构相当复杂，一个喜欢吃肉，而另一个只喜欢吃水果和蔬菜。因为吃饭的问题，两个头经常吵架。喜欢辩论的人，看到两个头连续几个小时讨论问题，说不定会觉得这是一件有意思的事。在讨论的过程中，这两个头还会模仿不同人的口音。更有意思的是，双头兽是捉迷藏的高手：当一个头忙着躲到树后，另一个头会偷看它，最终取得胜利。

图1. 双头兽著名的独角戏

后 记

◆━━━━━━━━━━◆━━━━━━━━━━◆

　　很遗憾，由于笔记有所损坏，本书并没能完整展示罗教授所有的研究成果，但我们仍选择出版这本书，以便让读者们对罗教授的经历有所了解。我们希望这本制作精美的图书能够开启动物世界的另一扇神奇大门，使人类享有更加丰富多彩的知识。

　　下面这最后一页的文字来自罗教授笔记本的其中一页，被人撕下来扔到了其他地方。我们最终在一座希腊雕像的脚趾缝里找到了它。当时，褶皱的纸张上满是面粉等污渍，很难识别出具体的内容。后来，我们联系笔记学专家，对其进行了修复。大家读到的便是修复后的文字。

我的研究进行得很顺利。不久前，我又发现了一种神奇的捕食型动物——夜行兽，希望今晚可以顺利观察到它的捕食过程。当地的部落首领已经答应帮助我了。

　　夜幕降临，我即将按照当地的习俗去沐浴熏香。这是部落中的一种仪式，这样做，我就能被部落接纳了。

　　好啦，到此为止吧！我不能再继续写了，带我参加沐浴仪式的人就要到了。等我找到夜行兽之后，再和大家分享！

——罗教授